Paul de Rémusat

L'aluminium

Science

 Le code de la propriété intellectuelle du 1er juillet 1992 interdit en effet expressément la photocopie à usage collectif sans autorisation des ayants droit. Or, cette pratique s'est généralisée dans les établissements d'enseignement supérieur, provoquant une baisse brutale des achats de livres et de revues, au point que la possibilité même pour les auteurs de créer des œuvres nouvelles et de les faire éditer correctement est aujourd'hui menacée. En application de la loi du 11 mars 1957, il est interdit de reproduire intégralement ou partiellement le présent ouvrage, sur quelque support que ce soit, sans autorisation de l'Éditeur ou du Centre Français d'Exploitation du Droit de Copie , 20, rue Grands Augustins, 75006 Paris.

ISBN : 978-1719142298

10 9 8 7 6 5 4 3 2 1

Paul de Rémusat

L'aluminium

Science

Table de Matières

L'aluminium   7

L'aluminium

Les applications de la chimie aux arts et à l'industrie se multiplient depuis quelques années de façon à rendre difficile la tâche de celui qui voudrait scrupuleusement les énumérer. A l'exposition universelle de 1855, on peut dire qu'il n'est guère de produit sorti des ateliers ou des manufactures qui, dans le cours de la fabrication ou de l'extraction, n'ait passé entre les mains des chimistes, et ne leur doive sa perfection ou son existence même.[1] La fabrication du sucre par exemple, l'art de le retirer de la betterave, d'en purifier la dissolution et de l'évaporer, ont été inventés et perfectionnés par des chimistes. Ne sont-ce pas eux aussi qui ont découvert et qui découvrent chaque jour des teintures, soit minérales, soit végétales, et qui les appliquent sur les étoffes? Et ces étoffes mêmes, ne sont-elles pas livrées aussi à des chimistes qui savent produire le chlore pour les blanchir, et qui ont vu que par leur exposition sur le pré, sous l'influence des rayons solaires et de L'humidité, les matières colorantes s'effacent, absorbent l'oxygène, et se changent en nouvelles substances plus facilement solubles dans les liqueurs alcalines? Le tannage des peaux, c'est-à-dire la combinaison de leur matière animale avec le tannin ou acide tannique, la sulfuration ou la vulcanisation du caoutchouc et du gutta-percha, c'est-à-dire la combinaison du suc du *ficus chistica* ou de l'ycomandra *avec le soufre ou la gomme* laque, la saponification ou la combinaison des alcalis avec les acides de l'huile, la fermentation du raisin ou de la betterave, qui transforme en alcool le sucre qu'ils contiennent, les distillations qui produisent les essences si variées de la parfumerie, l'art de retirer du minerai le fer, le zinc, le plomb, celui de former des alliages entre ces divers métaux et de connaître les propriétés de chacun suivant la nature et la proportion des métaux employés, tous ces procédés divers reposent sur des phénomènes chimiques qu'une étude sur la chimie à l'exposition universelle devrait décrire.

Ce n'est pas tout; une science qui contribue plus que toute autre à la richesse d'un pays, l'agriculture, après avoir dédaigné longtemps

---

1 La classe des arts chimiques occupe une bonne partie du livret de l'exposition, et encore en a-t-on détaché une foule d'industries qui y touchent cependant, et qui ne sauraient se passer de la chimie et des chimistes.

les secours de la chimie, en est arrivée aujourd'hui à ne plus pouvoir se passer d'elle, et les établissements agricoles sont devenus ou des manufactures ou des laboratoires. Les agriculteurs, ou du moins la plupart d'entre eux, ont enfin conçu cette notion si simple, et qui, comme toutes les notions simples, a mis six mille ans à se faire jour, que l'on ne pouvait retirer d'un lieu que ce que l'on y avait mis, et qu'ainsi les fumiers n'étaient pas, comme on le croyait, un excitant destiné à mettre enjeu les forces productrices de la terre, mais les matières premières elles-mêmes, qui, transformées par la végétation, devaient composer le seigle ou le blé, la betterave ou la pomme de terre. On a compris dès lors que la nature des fumiers devait varier avec la nature de la récolte, et que puisque ce n'était plus une sorte de ferment dont une petite quantité suffisait pour causer la végétation, comme quelques grammes de levure de bière font fermenter des quantités presque infinies de sucre, il fallait augmenter le poids du fumier jeté sur la terre proportionnellement au poids de la récolte qu'on devait en retirer, et varier la nature de ce fumier avec la composition intime de cette récolte. Ainsi le fumier jeté sur un champ de blé doit contenir des phosphates et de l'azote, — le fumier des vignes, de la potasse, etc. Il a donc fallu s'adresser aux chimistes pour connaître la composition des plantes et des engrais. Ce sont eux encore qui ont indiqué quels végétaux puisent dans l'air une partie de leur nourriture, quels autres ne peuvent absorber que par les racines les liquides qui doivent les nourrir, et par conséquent quelles récoltes épuisent la terre, quelles autres peuvent la fertiliser. Enfin c'est aux chimistes que l'on doit l'idée de réunir aux établissements agricoles des fabriques qui en utilisent les résidus ou les productions. C'est ainsi que des agriculteurs ont fabriqué du sucre avec leurs propres betteraves, du noir animal avec les os des chevaux qui servent à nourrir les cochons, etc.

Il est aussi un certain nombre de fabriques qui donnent des produits chimiques proprement dits, et qui ont acquis beaucoup d'importance, soit au point de vue de l'utilité des denrées qu'elles mettent sur le marché, soit aux yeux des économistes par l'importance de leurs affaires et les quantités énormes d'ouvriers qu'elles emploient et des matières qu'elles transforment. C'est là maintenant une des branches du commerce de notre pays qui, sous ce rapport, peut soutenir la comparaison avec le modèle que les peuples doivent avoir sans cesse devant les yeux, l'Angleterre. Les produits qui sortent de ces fabriques, peu connus du public, qui souvent ignore jusqu'à leur nom, ont un débit considérable. Les chimistes les plus illustres n'ont pas dédaigné de s'occuper des moyens de les obtenir à bon marché ou de les appliquer aux industries annexes que nous avons signalées, et ces découvertes ont au moins autant servi leur réputation que les recherches les plus purement spéculatives. Ainsi M. Balard est au moins aussi connu pour avoir inventé un moyen de fabriquer la soude à meilleur marché que pour avoir découvert un des corps simples les plus curieux, le brome. M. Thénard a perfectionné la préparation de la stéarine et la fabrication des bougies, tandis que M. Chevreul s'occupait de la teinture, M. Boussingault et M. Liebig des applications de la chimie à l'agriculture. M. Regnault donne aujourd'hui ses habiles soins à une industrie qui au premier abord semble peu chimique, à la porcelaine. Pour donner une idée de l'importance de ces industries, il suffit de citer un fabricant bien connu des Parisiens, M. Ménier. Il ne faisait d'abord que du chocolat, et sa production s'élevait à près de dix mille kilogrammes par jour. Pouvant disposer d'une force considérable et ayant formé des ouvriers habiles dans les manipulations du chocolat, qui sont bien près aussi d'être des manipulations chimiques, il s'adjoignit une fabrique de produits chimiques qui d'abord ne devait utiliser que ses résidus, et dont aujourd'hui les affaires s'élèvent à plus de 15 millions par an. Il n'est pas à beaucoup près le seul, et presque tous les fabricants de savons, de bougies, de résines, de teintures, etc., produisent aussi de la soude, des acides sulfurique et chlorhydrique, du cyanoferrure de potassium, de l'alun, etc. Ces industries sont donc fort importantes, car tous ces corps sont employés en grand dans le commerce et dans les arts. Ce sont là les matières premières des choses auxquelles on doit le bien-être, le luxe et la richesse, si bien que l'on a pu dire par exemple que le plus sûr moyen de connaître le degré de civilisation d'un pays était de savoir combien il produit et combien il consomme d'acide sulfurique.

Parmi tant d'exemples de ce qu'a de fécond l'accord de l'industrie et de la science, nous choisirons une découverte qui appelle l'intérêt non-seulement par ses applications possibles, mais aussi par les questions scientifiques qu'elle offre l'occasion d'aborder. Nous voulons parler d'une substance dont le nom commence à être bien connu, et qui est au moment de passer du laboratoire des savants dans l'industrie : c'est ce métal nouveau qui fait grand bruit depuis un an, l'aluminium.

Lorsqu'on a traversé le couloir qui mène du bâtiment principal du palais de l'exposition dans la galerie des machines, on entre dans une sorte de rotonde qui présente un assez beau coup d'œil, et qui peut soutenir la comparaison avec quelques-unes des salles du Palais de Cristal, que nous avons tenté d'égaler. Là se trouvent en effet les deux expositions des industries ou plutôt des arts dans lesquels nous excellons, — l'industrie des porcelaines et celle des tapis, ou d'une façon plus restreinte encore, car là est notre véritable supériorité, les porcelaines de Sèvres et les tapisseries des Gobelins, de Beauvais et de Mines. A droite en entrant, sur une petite table couverte de velours, et qui paraît quelque peu mesquine auprès de tant de magnificences, sont placées deux piles formées chacune de sept ou huit lingots de 0m,1 environ de longueur et de m,02 d'épaisseur. Ces lingots se ressemblent tous; ils sont d'un gris argenté, un peu ternes à la surface, mais la cassure en est brillante. Les uns sont assez lourds, les autres sont d'une légèreté extrême. Au-dessous d'une des piles est écrit le mot argent, au-dessous de l'autre le mot aluminium. C'est en effet là cette substance qui au premier abord ne présente rien d'extraordinaire, et qui a pourtant le pouvoir d'arrêter les visiteurs presque autant que les vases de Sèvres ou le surtout de cuivre argenté de M. Christofle, tant ce nom a été souvent répété depuis un an. Chacun regarde cette modeste pile avec curiosité, et presque tout le monde, après en avoir lu le nom, se souvenant que c'est un métal nouveau, demande aussitôt : « Quelle en est la composition? Le trouve-t-on tout formé dans la terre?» C'est donc à ces deux questions un peu naïves que je dois tout d'abord répondre. Il suffira de rappeler qu'un métal n'est composé que de lui-même, qu'un métal est un corps simple pour parler plus scientifiquement, qu'ainsi il existe nécessairement tout formé dans la terre, et qu'on ne peut trouver épars les éléments qui le constituent. Il peut se combiner à d'autres substances, mais il ne peut être décomposé. Après avoir établi ces divers points, nous aurons à voir quels sont les avantages de ce nouveau métal, les procédés que l'on emploie pour l'obtenir pur, et enfin à quels usages on peut l'employer.

Tout le monde sait ou croit savoir ce qu'on entend par un métal. Ce mot existe dès la plus haute antiquité, et il paraît toujours avoir été compris et entendu de même. Montrez à qui vous voudrez un morceau de fer ou de cuivre, et chacun vous dira : voilà un métal. On sait que les pièces de monnaie, les sabres et les épées, les armures des anciens chevaliers, les machines à vapeur sont métalliques, et il semble que personne ne puisse s'y tromper. Si les gens du monde avouent parfois qu'ils ignorent la composition de telle ou telle pièce, s'ils ne savent pas reconnaître du fer ou du zinc, un alliage d'étain et d'antimoine, ou d'argent et de cuivre, si même ils vont plus loin et avouent, dans un langage très peu scientifique, ignorer de quoi est composé l'argent ou le mercure, du moins une substance métallique leur paraît-elle toujours devoir être distinguée de toute autre, et ils ne croient pouvoir la confondre ni avec le bois, ni avec le papier, ni avec l'air, etc. L'idée de métal même semble être une de ces idées simples qui n'ont pas besoin d'être définies, une idée innée pour ainsi dire, analogue du moins à ces idées naturelles aussi indispensables que les sensations d'où elles nous viennent, les idées de chaleur ou de lumière. Et qui jamais a songé à expliquer ce que ces mots signifient? Essayons cependant de voir d'une façon bien positive ce que c'est qu'un métal, et si l'idée de métal est aussi simple qu'on le croit. Nous verrons, je pense, que c'est une substance impossible peut-être à définir et fort difficile tout au moins à concevoir d'une manière précise.

Si l'on essaie d'analyser l'idée que tout le monde s'en forme, on arrivera à peu près à la définition suivante : un métal est une substance solide, grise ou blanche, brillante, dure, plus ou moins ductile, c'est-à-dire pouvant se réduire en fils en passant à la filière, et se réduisant en lames sans se briser sous le choc du marteau ou la pression du laminoir. Les métaux sont en outre très dilatables par la chaleur et toujours opaques. Cette définition, ce semble, est bien simple ; elle convient aux métaux que nous avons le plus souvent sous les yeux, comme le fer, le zinc, l'argent, etc., et l'on est porté à la trouver excellente. Regardons-y pourtant de plus près, et nous ne la trouverons pas aussi vraie. Elle est loin de remplir les conditions d'une bonne définition; elle ne convient pas à l'objet défini tout entier, et elle ne le comprend pas seul. Il y a des métaux qu'elle ne décrit pas, et il est des substances non métalliques qu'elle semble comprendre. Ainsi d'abord la solidité et la dureté ne sont pas essentielles aux métaux, car le mercure, qui en est un sans contestation possible, est liquide à la température ordinaire, et des métaux moins connus, comme le sodium et le potassium, sont très mous. Tous d'ailleurs sont fusibles et peuvent même être réduits en vapeurs. La couleur grise ou blanche leur est-elle essentielle? Le cuivre et le titane sont rouges, l'or est jaune, l'argent réduit en poudre est presque noir. Quant à la malléabilité et la ductilité, ces conditions n'existent pas pour les métaux liquides ou mous, et d'autres les possèdent à un degré si faible, qu'elles ne peuvent entrer dans une définition. Le poids? Quelques-uns sont plus légers que l'eau. La dilatabilité ? Mais plusieurs, le platine par exemple, sont moins dilatables que bien d'autres substances. L'opacité? L'or lui-même, le plus dense de tous les métaux, réduit en feuilles par le batteur d'or, laisse passer des rayons lumineux qu'il colore en vert. Ces feuilles sont très minces, il est vrai, car la malléabilité de l'or est très grande; il en faudrait superposer plus de dix mille pour former une épaisseur de 0m,001; mais l'expérience n'en prouve pas moins que l'or est translucide. Enfin l'odeur et la saveur, que quelques personnes seraient tentées de regarder comme nulles à cause de l'insolubilité des métaux, ne sont pas même des caractères, car si l'or, l'argent et le platine sont inodores et insipides, le cuivre, le fer, le zinc, l'étain, acquièrent par le frottement une odeur et une saveur connues de tout le monde. Toutes les bases de notre définition sont donc successivement ébranlées, et l'on pourrait ajouter que certaines substances, qui ne sont probablement pas des métaux, y sont comprises aussi bien que l'argent, le fer et le zinc. Ainsi l'arsenic est solide, dur, brillant, quelque peu malléable, et dans les traités de chimie d'il y a trente ans, il est placé au nombre des métaux. L'iode est brillant et a la couleur et l'éclat du plomb; le bore est dur; enfin le diamant lui-même offre une partie des propriétés énumérées dans la définition.

Ainsi la physique ne nous donne aucun moyen de définir les métaux; l'aspect extérieur ne nous permet pas de les distinguer de certaines autres substances et d'en déterminer l'essence. Aucune de leurs qualités ne parait constante, et quelle que soit la règle que l'on pose, toujours on trouve des exceptions. Irons-nous plus loin, et chercherons-nous si leurs propriétés chimiques sont plus tranchées et peuvent faire disparaître la confusion que les découvertes nouvelles ont amenée ? Tous les métaux sont des corps simples. C'est là une qualité importante sans contredit. Ils ne sont composés que d'une seule espèce de matière, laquelle n'existe pas indépendamment du métal. De quelque façon qu'on les divise, à quelque réactif qu'on les soumette, ou ne peut jamais en extraire que des parties de métal qui varient avec le métal étudié, mais qui sont toujours identiques dans chaque métal. Ainsi, dans l'état actuel de nos connaissances, tous les atomes qui forment une masse de cuivre sont du cuivre, tous ceux d'une masse d'argent sont de l'argent, etc. Les métaux peuvent s'allier ensemble ou s'amalgamer avec le mercure : les pièces de monnaie par exemple sont formées de cuivre et d'argent, ou de cuivre et d'étain; le laiton est un alliage de zinc et de cuivre, les caractères d'imprimerie a composés de plomb et d'antimoine, le tain des glaces est un amalme de mercure et d'étain, le maillechort est un alliage de cuivre, zinc et de nickel, etc. Néanmoins tous les métaux proprement dits sont des corps élémentaires. Quant à leurs propriétés chimiques, on ne peut guère ici les exposer avec détail; elles sont assez complexes, et il faudrait, pour les faire connaître, écrire un traité complet, ou se résoudre à n'être compris que par des chimistes, auxquels on n'apprendrait tout au plus qu'une chose nouvelle, chose qu'ils n'ont nulle envie de savoir : c'est que leur science admirable renferme bien des lacunes, et sûrement bien des erreurs. On sera donc obligé de nous croire un peu sur parole lorsque nous dirons que les propriétés chimiques des métaux diffèrent peu de celles des autres corps simples, et qu'une définition par la chimie serait à peu près aussi vague que celle que pourrait donner la physique. L'argent ne se sépare du soufre par aucun trait saillant, et ceux qui ont voulu fonder une classification sur les décompositions des sels par la pile ne sont pas arrivés à des résultats certains et satisfaisants. Ce sont là des barrières établies à grand'peine, et que chaque découverte nouvelle tend à renverser. Le chimiste même qui a perfectionné la fabrication de l'aluminium a troublé cette classification en proposant très judicieusement de rapprocher des métaux un corps que l'on en séparait jusqu'ici, le silicium. Ni la chimie, ni la physique, ni le sens commun ne fournissent donc une bonne définition des métaux, et l'on, ne découvre ni *a priori*, ni en feuilletant les ouvrages scientifiques, quelle est cette distinction, que chacun croit si naturelle, qui sépare une substance métallique d'un autre corps simple. D'où vient pourtant que ces barrières ont été élevées et qu'elles subsistent encore? C'est là ce qu'il convient d'exposer, et nous serons rapidement conduit aux causes de la découverte de l'aluminium, à sa préparation et au trouble que ses propriétés mieux connues doivent apporter dans la chimie telle que nous l'avons conçue jusqu'à présent.

Dans les temps anciens, personne n'a eu l'idée de se faire la question que nous nous sommes posée, et l'on connaissait un assez grand nombre de métaux sans se demander de quelle nature étaient ces substances que l'on confondait sous un même nom. On ne cherchait pas s'il fallait les réunir aux quatre éléments, la terre, l'eau, l'air et le feu, ou si c'étaient des matières composées. Pour les anciens, un métal était une substance facile à connaître et à décrire, car une bonne partie des métaux que nous employons aujourd'hui étaient inconnus et restaient dans le sein de la terre combinés à des substances qui les rendaient méconnaissables. On n'employait guère que l'or, l'argent, le cuivre et peut-être l'étain; le fer même n'est entré dans l'usage général que fort tard. Toutes ces substances avaient ce qu'on appelle communément l'*aspect métallique* bien caractérisé; elles étaient solides, dures et brillantes; aussi ne pouvait-on s'y tromper. On sait d'ailleurs que l'antiquité ignorait la chimie, et que sous ce rapport les Arabes sont nos maîtres. C'est au moment de leur plus grande puissance, après la conquête de L'Egypte, que le goût pour cette science se développa chez ce peuple, autrefois si curieux et si intelligent. Il est probable, et c'est l'avis de l'homme qu'il faut le plus écouter sur la chimie, M. Liebig, que les doctrines, les idées et les découvertes des savants que les Arabes trouvèrent à Alexandrie ont contribué à ce développement scientifique. Je crois pourtant que cela est plus vrai pour les autres sciences, comme la médecine, les mathématiques et l'astronomie, que pour la chimie proprement dite. Quoi qu'il en soit, c'est alors qu'apparurent les premiers alchimistes, et ils conservèrent dans leur notation et dans leur manière de décrire les expériences quelque chose de mystérieux et d'obscur qu'ils avaient sans doute emprunté aux prêtres de l'Egypte. Leurs progrès furent rapides, et l'on serait étonné de la variété de leurs connaissances. Le principal but de leurs travaux, et c'est ce point seul qui nous intéresse, était la recherche de la pierre philosophale, c'est-à-dire d'une substance pouvant transformer en or un métal quelconque. Ils ne supposaient donc pas que l'or ni les autres métaux fussent des substances élémentaires. Il est clair que leurs recherches eussent été alors insensées, même à leurs propres yeux. Des expériences curieuses, au contraire, les avaient conduits à penser que tous les métaux contenaient du soufre. Cela était certain; mais l'or, qui est jaune, renfermait-il moins de soufre que l'argent, qui est blanc, ou au contraire était-ce au soufre que l'or devait sa couleur? Sur ce point, ils n'étaient pas d'accord, et de cette dissidence résultaient deux procédés. Les uns tentaient d'ajouter du soufre d'or aux métaux communs, les autres s'efforçaient de purifier le plomb ou le zinc. Pour les premiers, l'or était un métal ordinaire combiné à une substance qui lui donnait sa supériorité, faisait de lui le roi des métaux; pour les autres, c'était le métal pur, la quintessence du métal qu'il fallait retirer des métaux imparfaits ou demi-métaux. Cette quintessence était une substance rouge, comme on sait, qui, obtenue pure, pouvait transmuter en or une quantité quelconque de métal ou même de toute autre matière, agissant ainsi comme une sorte de ferment qui par sa seule présence transforme les substances organiques. Il est du reste évident que cette substance parfaite devait guérir toutes les maladies; c'était une panacée universelle. On ne citerait peut-être pas d'alchimiste qui n'ait décrit un procédé pour la préparer, et qui n'en ait vanté l'efficacité, quoique lui en particulier ne l'ait jamais obtenue et n'ait pas éprouvé ses vertus; mais l'alchimiste ne doute de rien, sans avoir rien vu. En général c'est sur le mercure que l'on opérait. Que fallait-il en effet pour le transmuter? Le solidifier et lui donner la couleur jaune. Or cela était facile, pourvu qu'on le mêlât au *mercure des sages*, à la *terre adamique*, ou simplement à *l'or philosophique*, opérations qui sont décrites dans les livres avec de grands soins et les plus minutieux détails.

Au XVIIIe siècle, l'alchimie devint ou prétendit devenir la chimie. On fit des analyses nombreuses, et Bêcher, appuyé sur des raisonnements et des expériences, démontra que le sel, le soufre et le mercure, considérés jusqu'à lui comme les éléments des métaux, étaient eux-mêmes des corps composés, et que toute matière provenait de la combinaison de trois substances auxquelles il donna le nom de terres : — la terre saline ou vitrescible, la terre grasse ou inflammable, la terre mercurielle ou volatile. Cette dernière substance existait en assez forte proportion dans les métaux et leur donnait l'aspect métallique. Des diverses combinaisons de toutes trois résultaient non-seulement les métaux, mais le bois, le verre, l'eau, etc. Bêcher avait remarqué en effet (et beaucoup de chimistes l'avaient vu comme lui) que tous les métaux, à l'exception de deux, l'or et l'argent, étaient altérés par le feu, et se transformaient sous son influence en une matière grise, blanche ou noire, qui n'avait plus rien de métallique. C'est à cela qu'on donnait le nom de terre. On croyait alors à une décomposition, on pensait que le métal avait perdu quelques parties de sa substance, sa terre mercurielle ou volatile suivant les uns, son phlogistique suivant les autres. Si l'or et l'argent n'éprouvaient pas cette altération, c'est que cette substance, qui est, pour parler comme les alchimistes, la quintessence de leur *métallité*, leur adhérait plus fortement, — et s'ils étaient moins fusibles que les autres, c'est qu'ils contenaient moins de terre inflammable, laquelle constituait presque à elle seule le métal liquide, le mercure. Que fallait-il faire pour rectifier ces idées ? Tout simplement peser le métal avant et après la calcination, et la différence de poids aurait indiqué s'il avait gagné quelque chose, ou s'il avait perdu un de ses éléments. Cela parait fort simple assurément, car rien n'est plus facile que l'expérience de la veille, ni plus difficile que celle du lendemain. C'était pourtant une idée de génie. Lavoisier, qui la conçut, fit peut-être la plus grande découverte de la science moderne en observant que le métal pendant la calcination, loin de se dédoubler, avait absorbé la partie respirable de l'air atmosphérique, s'était oxydé, comme on dit maintenant, et que la chaux métallique était une combinaison du métal et non un de ses éléments.

En même temps, Dalton faisait passer de la métaphysique dans la chimie la notion des atomes, et l'idée de substance élémentaire devint parfaitement claire et accessible à tous. On admit que tous les métaux alors connus, et qui étaient au nombre de six, — or, argent, cuivre, fer, étain, plomb, platine, — et les cinq demi-métaux, — antimoine, bismuth, zinc, cobalt et mercure, — étaient des corps simples. On y ajoutait aussi l'arsenic, relégué depuis dans la classe des corps simples non métalliques, que l'on comprend sous le nom singulier de métalloïdes. Mais ce ne furent pas là les seuls effets de la découverte de Lavoisier. De même que ce grand homme avait reconnu que les métaux pouvaient, en absorbant l'oxygène de l'air, se transformer en chaux ou terres, en oxydes, comme nous disons aujourd'hui, d'autres chimistes pensèrent que les substances connues dès longtemps sous le nom de chaux, de terres ou d'alcalis, — et parmi elles surtout la chaux commune qui sert à bâtir, la soude et la potasse, qui, combinées à l'huile, forment les savons, — pouvaient bien être aussi des métaux combinés à l'oxygène. Ces métaux seulement avaient une telle affinité pour ce corps, que les oxydes étaient plus difficiles à décomposer, et peut-être même que le métal ne pouvait pas rester exposé à l'air ou à l'eau sans être immédiatement altéré, ce qui expliquait comment ces métaux ne se trouvaient jamais à l'état métallique dans le sein de la terre. Des expériences furent faites, et, après plusieurs tentatives, un chimiste illustre, Davy, employant le nouvel agent que Volta venait de découvrir, décomposa par l'électricité la soude et la potasse. Il vérifia que c'étaient là des composés d'oxygène et d'autres substances qui reçurent les noms de sodium et de potassium. Ces substances avaient avec les métaux quelque analogie d'apparence, quoique l'une surtout fût très molle, et que l'éclat en fût presque nul; mais leurs oxydes ressemblaient à ceux des métaux, étaient connus dès longtemps sous le nom de terres ou d'alcalis, et se combinaient comme eux aux acides. On leur conserva donc le nom de métaux, qui changea de sens et s'appliqua seulement à certains corps simples formant avec l'oxygène des combinaisons pourvues de certaines propriétés. Ces propriétés du reste étaient et sont encore assez mal déterminées, et la distinction entre les corps simples, qui sont les métaux, et ceux qui ne le sont pas, restera toujours difficile à faire. Je n'en veux pour preuves que l'arsenic, qui a été longtemps et est encore par quelques personnes placé dans la classe des métaux, quoiqu'il s'en distingue par un assez grand nombre de propriétés. Je citerai aussi l'hydrogène, qui ressemble à un métal par ses propriétés chimiques, et que son apparence seule et l'ancien préjugé, qui veut qu'une substance métallique soit nécessairement dure, solide, malléable, empêchent de placer à côté du plomb et de l'argent. Le silicium enfin était un métalloïde, et de nouvelles expériences de M. Sainte-Claire Deville ont à peu près prouvé qu'on doit le rapprocher des métaux.

Quoi qu'il en soit, l'expérience de Davy ne paraissait pas laisser de doutes. Toutes les terres, tous les alcalis, toutes les chaux, étaient ou devaient être les oxydes de corps non encore isolés, mais plus ou moins facilement susceptibles d'être obtenus purs. La chaux est un oxyde de calcium, la baryte un oxyde de baryum, la strontiane un oxyde de strontium, l'alumine un oxyde d'aluminium, etc. Tous furent peu à peu isolés; on leur conserva le nom de métaux, et le nombre de ces corps devint par degrés considérable. En 1813, on en connaissait trente-huit, dont quelques-uns, comme l'aluminium, le magnésium, le silicium, etc., étaient admis par analogie. Aujourd'hui les traités de chimie en mentionnent quarante-sept. Il est bien entendu d'ailleurs que personne ne croit ce chiffre exact. Il est probable que ce sont là des corps simples pouf nous, mais que des découvertes nouvelles changeront nos idées. Tous ces métaux ont été divisés en classes par M. Thénard, qui a donné, au commencement de ce siècle, le premier ouvrage un peu complet sur la chimie. Cette division permet de retenir sans peine leurs propriétés. Les catégories établies par M. Thénard reposent sur une propriété des métaux que nous avons déjà signalée, celle de se combiner à l'oxygène. Il est évident que cette combinaison se fait plus facilement pour certains métaux que pour d'autres, ou en d'autres termes que tous les métaux n'ont pas pour ce gaz la même affinité, qu'ils ne sont pas tous, comme disent très bien les chimistes d'une manière figurée, également avides d'oxygène, et réciproquement que leurs oxydes sont plus ou moins difficilement décomposables ou réductibles. Tandis en effet que pour décomposer la potasse ou l'oxyde de potassium, il faut une très forte pile ou un corps facilement oxygénable et la chaleur blanche, l'oxyde d'argent se décompose à une température peu élevée, et la seule lumière, même les pâles rayons de la lune, suffisent à réduire le composé d'oxygène et d'or. Réciproquement il est clair qu'il doit être plus facile d'oxyder le potassium ou le sodium que l'or et l'argent. C'est ce qui arrive en effet. Tandis que le potassium s'empare violemment de l'oxygène de l'air, même à la température ordinaire, et, jeté dans l'eau, en dégage subitement l'hydrogène, l'oxyde d'or est difficile à obtenir, et ne peut être préparé qu'à l'aide d'opérations compliquées. L'or et l'oxygène n'ont aucune affinité l'un pour l'autre, et ne peuvent s'allier directement. Entre ces extrêmes se placent les autres métaux, qui s'oxydent lentement ou rapidement, à la température ordinaire ou à la chaleur rouge, dans l'air ou dans l'eau, et leurs oxydes sont réductibles soit par la lumière, soit par l'électricité, soit par la chaleur ou par des réactions que la chimie indique. M. Thénard, d'après ces caractères, a divisé les métaux en cinq catégories, et ces catégories ont pu être dressées, même lorsque quelques métaux, n'étaient connus que par leurs oxydes, car la difficulté de la réduction devait correspondre nécessairement à une avidité fort grande du métal pur pour l'oxygène. Le bon sens, l'expérience et les lois de la chimie le voulaient ainsi.

L'aluminium était destiné à faire exception à toutes nos idées conçues *a priori*. Dans les travaux publiés au commencement du siècle, ce métal est nommé, mais son existence n'est admise que par analogie, car l'alumine, cette substance si commune, et dont l'argile contient de grandes quantités, n'avait jamais pu être réduite. Elle résistait à la chaleur et à l'électricité; On en concluait que le métal lui-même devait être plus avide d'oxygène que tous les autres corps connus, et devait s'oxyder avec plus de violence et de rapidité que le potassium, qui pourtant décompose l'eau à la température ordinaire et ne peut rester exposé à l'air sans brûler. Bientôt pourtant de nouvelles études firent mieux connaître l'alumine et ses composés, et on la rapprocha de la magnésie et de la glucine. Il était évident du reste pour les chimistes que ce métal, aussi difficile et même plus difficile à obtenir pur que le glucynium et le magnésium, devait avoir les mêmes propriétés, décomposer, comme ces métaux, l'eau à une température de 60 à 80 degrés, et ne pouvoir être chauffé à l'air sans absorber l'oxygène. Il était clair aussi que, dût-on obtenir ce métal pur, il ne pourrait dans aucun cas servir aux usages domestiques ou industriels, pas plus que le potassium, le sodium ou le calcium, car l'air, la chaleur, tous les agents auxquels il serait naturellement exposé l'oxyderaient, et lui enlèveraient son aspect et ses propriétés métalliques, — feraient évaporer la quintessence de la métallité, auraient dit les alchimistes.

La théorie devait indiquer tout cela, et un chimiste très distingué, dont les travaux sur l'aluminium sont des modèles pour la science du raisonnement comme pour l'habileté dans la manipulation, a vérifié ces propriétés. M. Vöhler est parvenu à obtenir l'aluminium pur, et voici comment. Il a mis l'oxyde d'aluminium ou l'alumine en contact avec le potassium; l'oxygène s'est transporté de l'aluminium au potassium, la réaction étant activée par la. chaleur, et pour résidus de l'opération, il a trouvé de l'aluminium pur et de la potasse. Au lieu d'alumine, ce chimiste a employé ensuite une combinaison de chlore et d'aluminium; mais la réaction est la même, car l'oxygène et le chlore ont des propriétés chimiques analogues. Il a vérifié ainsi tout ce que promettait la théorie; il a obtenu l'aluminium sous la forme d'une poudre grise, qui reçoit l'éclat métallique sous le brunissoir. Ce métal prend feu, quand on le chauffe, au contact de l'air; il ne décompose pas l'eau à la température ordinaire, mais la décomposition est bien manifeste vers 100 degrés ; enfin il a toutes les propriétés que doit avoir un métal rangé par les chimistes dans la classe des métaux terreux.

Les choses en étaient là, lorsqu'un savant encore jeune et déjà connu par d'ingénieux travaux, M. Sainte-Claire Deville, qu'il ne faut pas confondre avec un chimiste d'un nom analogue, mais dont les travaux inspirent moins d'intérêt, annonça qu'il avait découvert un procédé qui lui permettait d'obtenir l'aluminium en assez grande quantité, et que ses propriétés ne ressemblaient nullement à celles de la poudre grise de M. Vöhler. — C'est, disait-il dans un mémoire présenté à l'Académie des Sciences le 14 août 1854,[1] un métal d'un beau blanc, à peine un peu bleuâtre par rapport à l'argent, qui tire sur le jaune, et la teinte bleue parait davantage lorsque le métal est écroui: alors il est aussi plus dur, et au lieu d'avoir la mollesse de l'argent, il a la ténacité du fer; il est malléable et ductile à peu près sans limite, et on peut le réduire en lames très minces ou en fils très fins sans le recuire; il se lime facilement et a une légère odeur de fer; il conduit l'électricité comme l'argent; il est, comme l'avaient déjà dit MM. Poggendorf et Riess, faiblement magnétique; il fond à une température plus élevée que le zinc, mais plus basse que l'argent; c'est donc un métal très faible. Sa densité varie entre 2,56 et 2,67, suivant qu'il est ou qu'il n'est pas laminé; l'aluminium est ainsi toujours fort léger, puisque la densité du plomb est de 11,445, celle du cuivre de 8,78, celle du fer de 7,9 et celle de l'or de 19,15. Il pèse quatre fois moins que le plomb, trois fois moins que le cuivre ou le fer, huit fois moins que l'or, et il a à peu près la légèreté du verre. L'air et l'oxygène ne lui font subir au-

---

[1] *Annales de chimie et de physique*, 3e série, t. XLIII.

cune altération sensible, et loin de se placer sous ce rapport entre les métaux les plus oxydables, dont l'emploi à l'état métallique est impossible, et les métaux communs, il se place au contraire entre les métaux précieux et les métaux communs; il a même sur les premiers une certaine supériorité, car l'hydrogène sulfuré, la combinaison de soufre et d'hydrogène, noircit l'argent, comme on sait, et en interdit parfois l'usage. L'aluminium au contraire peut être sans inconvénient exposé à l'action de ce gaz. L'acide azotique, le plus énergique de nos dissolvants et qui attaque l'argent avec facilité, agit très difficilement, même à chaud, sur le nouveau métal. Enfin, et pour quelques industries cela est important, l'aluminium ne s'amalgame pas, c'est-à-dire qu'il ne s'allie pas au mercure. Il est appelé ainsi à remplacer le fer, qui jouit à peu près seul de cette propriété, mise souvent à profit dans les laboratoires. Nous voilà bien loin assurément de M. Vöhler et de ses descriptions, et l'on a peine à croire que le jeune savant et l'un des doyens de la chimie, l'un de ses plus renommés représentants, aient parlé du même corps. Il est certain pourtant que M. Sainte-Claire Deville a raison; il a opéré sur des quantités considérables de matière, et quoiqu'elles démentent un peu nos théories, on est autorisé, par le soin qu'il a apporté à ses expériences, à le croire de préférence à tout autre. Où êtes-vous, monsieur Laurent, vous qui disiez que la chimie n'est pas parfaite, que les corps sont mal classés et leurs combinaisons mal connues [1]? M. Sainte-Glaire Deville a du reste fort bien expliqué, avec tout le respect dû à la réputation, à la science, à l'habileté de M. Vöhler, comment les erreurs de ce chimiste ont été possibles. Il a montré que le métal obtenu par M. Vöhler était loin d'être pur; s'il était moins fusible que l'aluminium que nous connaissons aujourd'hui, c'est qu'il avait été préparé dans des vases de platine, que ces deux métaux s'étaient alliés, et que la platine avait communiqué à l'alliage quelque peu de son infusibilité. S'il décomposait l'eau à une température peu élevée, c'est qu'il n'était pas débarrassé du potassium ou du sodium qui avaient servi à sa préparation, ou peut-être qu'il contenait un peu de chlorure d'aluminium, dont les réactions expliquent un dégagement d'hydrogène. M. Deville a même fait, en suivant les indications de M. Vöhler, un aluminium qui avait toutes les propriétés indiquées par celui-ci, et dont l'impureté a été ensuite vérifiée. Rien ne prouve mieux les difficultés en

[1] Voyez, sur les théories de M. Laurent, la *Revue* du Ier février 1855.

quelque sorte inséparables des travaux de la chimie que ces erreurs où l'expérience et le raisonnement avaient entraîné un homme aussi habile et aussi instruit. Loin d'en tirer des conclusions contre M. Vöhler, il faut se contenter de dire avec Hippocrate : « L'art est long, la vie est courte, l'expérience est incertaine, le raisonnement est difficile. »

N'y a-t-il pourtant là qu'une erreur d'expérience rectifiée par un observateur plus habile, qu'une illusion des sens détruite, ou même, ce qui serait plus important, une atteinte portée à la classification des métaux, une preuve qu'on doit ranger l'aluminium auprès du fer et du cobalt et loin du calcium? La découverte de M. Sainte-Claire Deville prouve-t-elle que la classification des métaux tout entière est mauvaise, et qu'il faut renoncer à diviser ces sortes de substances en groupes, ou tout au moins que ces groupes doivent être modifiés? Nous pensons qu'elle a des effets plus importants encore, et que les propriétés si inattendues de l'aluminium troublent des idées que leur simplicité avait rendues évidentes, en montrant une fois de plus combien les inductions les moins hardies et qui paraissent les plus permises sont peu certaines, quels que soient les faits qui les appuient. Nous avons dit que dans la classification des métaux on avait consulté non pas seulement leur avidité pour l'oxygène, mais la ténacité de leurs combinaisons avec ce corps. Ces deux propriétés paraissaient corrélatives, et il semble d'une manière générale que plus deux corps tendent à se combiner, plus leur affinité est grande, plus aussi leur combinaison doit être stable. Ce n'est pas là une loi de la chimie, elle n'est écrite nulle part dans les livres, mais elle paraît dictée par le sens commun. Si une comparaison un peu frivole était permise ici, on pourrait dire que la comparaison des êtres vivants avec la nature inanimée avait contribué même à établir cette opinion : comme les personnes qui aiment à se retrouver aiment aussi à rester ensemble, de même les corps inertes qui ne peuvent rester en présence sans s'unir forment des combinaisons difficiles à désunir. On n'avait jamais songé à établir cette loi; mais lorsque M. Thénard divisa les métaux par classes, il n'eut pas même besoin de l'énoncer, personne ne fit d'objections, et si depuis 1813 de nouvelles découvertes ont fait varier les groupes de métaux, le principe du classement n'a jamais été contesté. Rien n'eût été du reste plus facile que de l'appuyer sur des exemples. .Ainsi les corps les plus explosibles, c'est-à-dire ceux dont la décomposition est la plus facile et la plus prompte, sont aussi ceux dont les éléments n'ont aucune propension à se combiner : il est aussi difficile de les rapprocher que de les maintenir unis. Eh bien ! l'aluminium est une exception à cette règle, qui, je le répète, n'est pas une de ces lois abstraites et compliquées de la chimie, mais semble évidente aux esprits même les moins scientifiques. Son oxyde est très difficilement réductible, et le métal n'est pas lui-même très avide d'oxygène. Son inaltérabilité le place auprès de l'argent; la ténacité de sa combinaison avec l'oxygène semble le rapprocher du sodium ou du calcium. La nouvelle découverte prouve ainsi que non-seulement la classification des métaux est vicieuse, mais que sans doute le principe sur lequel elle a été appuyée dès l'origine est faux. Cette confusion si naturelle qui s'était établie entre l'avidité d'une substance pour l'oxygène et son affinité pour ce gaz, ou la ténacité de ses combinaisons avec lui, doit disparaître des classifications et des théories. Parfois du moins ces deux propriétés ne sont pas corrélatives; la loi qu'on trouvait si claire souffre des exceptions, et, dans les sciences, une loi qui ne s'applique pas toujours n'est pas une loi. Hâtons-nous d'ajouter qu'heureusement, si ce principe était admis, aucune théorie importante n'en découlait. Il n'entraîne en tombant que la classification des métaux, ce qui n'est pas un grand mal, et si les nouvelles expériences pouvaient contribuer à effacer la distinction entre les métaux et les métalloïdes, peu de chimistes, je pense, s'en plaindraient.

Le principe sur lequel s'appuie M. Sainte-Claire Deville pour la préparation de l'aluminium est le même que celui de M. Vöhler. Seulement il emploie le sodium au lieu du potassium, le maniement de ce dernier offrant quelques dangers et ses éclats pouvant blesser l'opérateur. Le métal est placé dans des tubes en porcelaine chauffés, et sur le sodium fondu on fait passer la vapeur de chlorure d'aluminium; il se forme du chlorure de sodium ou sel marin, et l'aluminium reste libre. Pour le purifier, il faut le chauffer fortement, et tandis que le chlorure de sodium et l'excès de chlorure d'aluminium se dégagent, il reste dans la nacelle qui a servi à l'opération un culot d'aluminium pur. Pour donner une idée des difficulté-; des opérations chimiques et de l'habileté des chimistes, je dois ajouter que cette expérience, qui est loin de passer dans les laboratoires pour une opération difficile, ne peut se faire à l'air libre, et que l'appareil doit être traversé par un courant de gaz hydrogène pur et sec. Le sodium, sans cette précaution, s'oxyderait et deviendrait incapable de décomposer le chlorure d'aluminium soumis à son influence.

Tel est en gros l'un des procédés de M. Sainte-Claire Deville, qui en a proposé deux autres, consistant, soit à employer l'électricité, soit à faire passer sur le chlore d'aluminium du sodium en vapeur; mais le premier est plus élégant, et, perfectionné, il a pu et pourra donner des quantités considérables d'aluminium, sans trop de dangers et sans trop de difficultés, à un prix qui ne sera pas trop élevé, car ce sont là deux conditions importantes. Sans elles, la préparation de l'aluminium peut être une expérience de laboratoire curieuse, une voie nouvelle ouverte aux inventeurs et aux théoriciens, un renversement de quelques lois de la chimie fort agréable pour les révolutionnaires scientifiques, mais voilà tout. C'est donc de cette dernière question que nous devons nous occuper. Sur les quarante-sept métaux admis aujourd'hui par les chimistes, on n'en peut employer qu'une douzaine à l'état métallique. L'aluminium doit-il être compté parmi eux, et pourra-t-il, par ses propriétés, prendre dans l'industrie un rang important? En d'autres termes, les moyens d'extraire l'aluminium sont-ils susceptibles d'être perfectionnés jusqu'à devenir des procédés industriels? Et enfin quels seront les usages du métal ainsi obtenu?

Deux causes diverses peuvent agir sur le prix d'une substance : la rareté et la difficulté d'extraction. Il est clair d'abord que plus une matière est rare, plus, quand elle est utile, bien entendu, elle est précieuse et chère par conséquent. Si la matière, étant commune au contraire, se trouvant en abondance dans le sein de la terre, ne peut cependant être extraite ou obtenue pure que par des procédés longs, difficiles et coûteux, elle devient chère, pour ainsi dire, artificiellement. Le prix élevé de quelques substances tient à ces deux causes à la fois. Ainsi les diamants sont rares, et les difficultés de la taille les rendent plus précieux encore. L'exploitation des mines d'or est au contraire facile. Ces mines sont peu profondes, et le minerai contient le métal à peu près pur; mais elles sont rares et toujours peu considérables. D'autres corps enfin sont très communs, mais pour les préparer, pour les retirer des composés dont ils font partie, il faut des soins, du travail et de l'argent. Quelle substance est plus commune que la chaux ou oxyde de calcium? Elle se trouve dans la pierre à chaux, la craie, le plâtre, les coquilles, les pierres; pourtant, l'affinité de l'oxygène pour le calcium étant considérable, l'oxyde de calcium est peu réductible, et le métal est très cher : il coûte plus de 1,000 fr. le kilogramme. Le prix de ce genre de substances doit varier avec les progrès de la chimie; celui des autres dépend de la minéralogie. Remarquons en passant que les métaux qui servent de monnaies, et dont la valeur doit être peu variable pour ne pas troubler les états et la sécurité même des citoyens, doivent être choisis dans la première des deux catégories, car les chimistes font des découvertes plus rapides et plus imprévues que celles des géologues et des chercheurs d'or.

A quelle cause est due la cherté de l'aluminium? Assurément ce n'est pas à la rareté du minerai. Peu de substances sont aussi communes, et peut-être la centième partie du globe est-elle formée d'aluminium. L'argile, les aluns, le kaolin ou terre à porcelaine, les marnes, le feldspath, le mica, les roches granitiques et les roches argileuses, les roches secondaires comme les terrains primitifs sont des combinaisons ou des mélanges de composés d'aluminium. L'albite, la pétalite, la triphane, la cabradorite, sont des silicates doubles d'alumine et de potasse, de lithine ou de chaux. Le saphir est de l'alumine colorée en bleu, le rubis est de l'alumine colorée en rouge par des oxydes métalliques, le corindon hyalin est de l'alumine incolore et transparente. Les ocres employés dans la peinture, la terre de Sienne sont des mélanges d'argile, d'oxyde de fer et de manganèse. Ainsi l'aluminium n'est pas rare. Il n'est pas question, bien entendu, de l'extraire des dernières substances que j'ai nommées, des rubis ni des saphirs; mais l'argile et l'alun sont des substances fort communes, et dont le prix est peu élevé. Des montagnes entières sont formées d'argile; en Picardie et à la Tolfa, près de Rome, il existe des masses énormes d'alun. C'est donc l'extraction de l'aluminium qui est chère. Elle est assez compliquée, comme on l'a vu; mais ce qui la rend coûteuse, ce sont surtout les quantités de sodium nécessaires à la réaction, et le sodium a lui-même un prix élevé, car la préparation en est difficile. Il est fort avide d'oxygène, et, pour réduire son oxyde, il faut une température très élevée. On pourrait presque dire que le prix d'une substance est proportionnel à son affinité pour l'oxygène. Jusqu'ici, le sodium n'était qu'un produit de laboratoire, des curiosités de la chimie; on n'avait pas songé à l'employer dans l'industrie. Lors des premières expériences de M. Sainte-Claire Deville, il coûtait 1,000 francs le kilogramme. Or il en faut trois kilogrammes pour extraire du chlorure d'aluminium un kilogramme de métal, ce qui portait de ce chef seul le prix de revient de l'aluminium à *trois mille francs*. Le sodium d'ailleurs est difficile à manier. Il brûle au contact de l'air et décompose toutes les substances qu'il touche en leur enlevant l'oxygène. Tour le conserver, on est obligé de le jeter, dès qu'il sort du fourneau, dans des bouteilles remplies d'huile de naphte ou de pétrole. Cette huile, qui ne se trouve guère que dans les environs de Baku en Perse et à Amiano, dans le duché de Parme, est un des seuls liquides qui ne contiennent pas d'oxygène. Elle est rare et assez chère. Dans ces derniers temps, les expériences sur l'aluminium en avaient employé des quantités telles que le prix avait presque doublé, et qu'on en trouvait difficilement chez les fabricants de produits chimiques. M. Sainte-Claire Deville, sentant fort bien cet inconvénient, a cherché tout d'abord à perfectionner le procédé d'extraction du sodium, et sans modifier essentiellement le principe de l'opération, il a diminué au moins de moitié son prix, et il est peu à peu arrivé à négliger le secours de l'huile de naphte et à manier sans danger d'assez grandes masses de métal dont la préparation reste plus coûteuse aujourd'hui, mais n'est guère plus difficile que celle du gaz à éclairage. Ce progrès obtenu, la décomposition du chlorure d'aluminium entraînait elle-même moins de frais, et M. Sainte-Claire Deville, à l'usine de produits chimiques de la société générale de Javel, a déjà extrait plus de trois cents kilogrammes d'aluminium, dont la fabrication est devenue susceptible d'une marche tout à fait manufacturière. On peut prévoir que cette fabrication sera surtout facile, si les usines s'établissent à Marseille, où d'énormes quantités d'acide chlorhydrique, provenant des fabriques de soude, se perdent tous les jours sans trouver d'emploi, tandis qu'elles serviraient à fournir le chlore nécessaire à la formation du chlorure d'aluminium. Nulle part aussi l'acide sulfurique, qui sert à retirer l'alumine de l'argile, n'est à si bon marché. Pourtant jusqu'ici on a un peu trop gardé le silence sur le prix auquel revient ce métal, et, tout en convenant qu'il vaut aujourd'hui moins de 3,000 francs le kilogramme, je crains qu'il n'en vaille bien encore de 500 à 1,000. C'est un grand progrès assurément, mais on est encore loin du but, et l'industrie n'a pas coutume d'employer des métaux de cette valeur.

On se hâte donc un peu trop, je pense, de triompher. M. Sainte-Claire Deville a fait une très belle découverte, qui probablement a de l'avenir. Il a d'ailleurs donné l'impulsion à une foule d'expériences remplies d'intérêt. Ainsi son préparateur à l'École normale, M. Debray, a étudié les propriétés du glucynium, extrait de la glucine, qui existe dans l'émeraude combinée à l'alumine. Lui-même avait déjà obtenu des quantités considérables de silicium, autre corps simple peu connu, et dont les propriétés dérangent aussi un peu les théories. Cependant on ne peut encore se représenter les maisons couvertes d'aluminium. La prudence nous commande une assez grande réserve dans de telles questions, et l'avenir d'une substance est aussi difficile à prévoir que la destinée d'un homme ou d'un peuple. L'Académie des Sciences, en décidant, il y a quarante ans, que le sucre de betteraves ne rivaliserait jamais avec le sucre de canne et que la production n'en deviendrait jamais importante pour notre industrie, a donné un exemple qui doit effrayer les moins timides. Les savants se sont trompés une fois par excès d'indépendance; craignons de tomber dans l'excès contraire : cela est plus à redouter aujourd'hui. Pourtant, si les espérances se réalisent, à quoi pourra servir l'aluminium? Il a la malléabilité du zinc et est inaltérable à l'air. Il pourra donc souvent le remplacer, et avec avantage, puisqu'il est trois fois plus léger. Il est aussi dur que le fer, et il est moins oxydable. Il pourrait donc servir pour les instruments d'agriculture ou les armes de guerre. Les métaux purs sont très peu sonores, et les cymbales, les cloches, les tam-tams, les gongs, sont formés d'alliages d'étain et de cuivre. L'aluminium au contraire, comme s'il devait faire exception à toutes les règles, est aussi sonore que les meilleurs timbres, ce qui lui assure encore un usage nouveau et imprévu. Il a l'éclat de l'argent et ne noircit pas comme lui; il pourra donc le remplacer toutes les fois que l'argent est employé, non pas à cause de sa valeur, mais à cause de ses propriétés physiques. La potasse caustique fondue ne l'altère pas; les creusets d'aluminium pourront donc être utiles.

Pour les appareils de physique, les couverts de table, les plumes métalliques, les ornements de toute sorte, le nouveau métal pourra remplacer l'argent, le fer et le cuivre. Il suppléera souvent à l'usage du platine, qui est rare et cher, et de métaux plus précieux encore, comme le palladium, métal fort utile, mais dont on ne peut obtenir de grandes quantités. Ainsi les dentistes l'emploient, et l'on sait que le limbe divisé d'un des grands cercles de l'observatoire de Paris est en palladium; il pourrait être en aluminium, toujours, bien entendu, si l'extraction de ce métal est perfectionnée, soit par une amélioration nouvelle dans la préparation du sodium, soit surtout par l'emploi d'un corps moins coûteux. En un mot, l'aluminium est peut-être appelé à remplacer tous les métaux communs et précieux employés aujourd'hui dans les arts et dans l'industrie. Il ne s'éloigne que des métaux de première classe, près desquels il était rangé jusqu'ici, et il semble propre à tous les usages que semblaient lui interdire les lois les plus raisonnables et les mieux prouvées de la chimie, telle qu'on l'enseigne depuis cinquante ans.

ISBN : 978-1719142298

www.ingramcontent.com/pod-product-compliance
Lightning Source LLC
Chambersburg PA
CBHW030046230526
45472CB00005B/1693